小马博士讲故事之

地震基础知识

刘 颖 刘小霞 周煊超 刘智明
张 慧 金海霞 尚立坚 成 凯 编著

图书在版编目（CIP）数据

小马博士讲故事之地震基础知识／刘颖等编著．—北京：
地震出版社，2022.2
ISBN 978－7－5028－5421－8

Ⅰ．①小…　Ⅱ．①刘…　Ⅲ．①防震减灾－普及读物
Ⅳ．①P315.94－49

中国版本图书馆CIP数据核字（2021）第281168号

地震版　XM5010/P(6233)

小马博士讲故事之地震基础知识
刘　颖　刘小霞　周煊超　刘智明　张　慧　金海霞　尚立坚　成　凯　◎编著
责任编辑：范静泊
责任校对：凌　樱

出版发行：地震出版社
北京市海淀区民族大学南路9号　　邮编：100081
发行部：68423031　68467991　　传真：68467991
总编办：68462709　68423029
编辑四部：68467963
http://seismologicalpress.com
E-mail:zqbj68426052@163.com
经销：全国各地新华书店
印刷：河北文盛印刷有限公司

版（印）次：2022年2月第1版　2022年2月第1次印刷
开本：787×1092　1/16
字数：69千字
印张：3
书号：ISBN 978－7－5028－5421－8
定价：22.00元

序言

小马博士是由内蒙古自治区地震局设计，具有蒙古族风格的一个防震减灾宣讲员的卡通形象。该形象以“蒙古马精神”为蓝本，将蒙古马“吃苦耐劳、勇往直前”的品质与地震行业“开拓创新、求真务实、攻坚克难、坚守奉献”的行业精神联系在一起，展现了地震工作者长期以来默默无闻、坚守奉献，在面对未知挑战时攻坚克难、永不言弃的精神。

本书以两位蒙古族小朋友乌兰和巴特尔学习防震减灾知识为线索，引出防震减灾科普达人——小马博士讲述地震知识。全书以一问一答的形式，从地震是地球的“肠胃蠕动”、地震的“脾气”大而不可捉摸、地震预警是一场“赛跑”、地震灾害的抗与防、防震减灾小口诀五个部分阐述了地震成因，介绍了相关的地震术语、地震灾害特点、地震预警、如何预防和应对地震灾害等问题，并教授了防震减灾小口诀，易于记忆。

本书采用绘本形式呈现故事情节，内容打磨、形象设计由内蒙古自治区地震局防震减灾科普宣教与社会服务创新团队联合内蒙古师范大学历经一年半时间精心完成，内容丰富，形式新颖，故事性强，语言简明，适合作为中小学生学习地震知识的科普读物。我们期望这个绘本能够引发青少年及家长们关注地震科学的兴趣，期待大家能够从自己的角度理解学习“与灾害风险共存”的理念，唤醒大家的地震灾害风险防范意识。

在此，感谢内蒙古自治区地震局党组及各职能部门对地震科普宣传教育工作的大力支持，感谢指导本书内容设计、在审阅过程中提出宝贵意见的各位专家，也感谢为本书出版付出心血的出版社同仁。

内蒙古自治区地震局

Contents

目 录

人物简介

快来认识一下书中的主人公吧，让他们一起陪你学习地震基础知识。

哥哥巴特尔

“巴特尔”蒙古语译为勇士。小学六年级，健壮憨厚，充满探索精神。

妹妹乌兰

“乌兰”蒙古语译为红色。小学一年级，乖巧伶俐，人见人爱，花见花开。

小马博士

一名蒙古族风格的防震减灾宣讲员。她以“蒙古马精神”为蓝本，展现了地震工作者长期以来默默无闻、坚守奉献，在面对未知挑战时攻坚克难、永不言弃的精神。

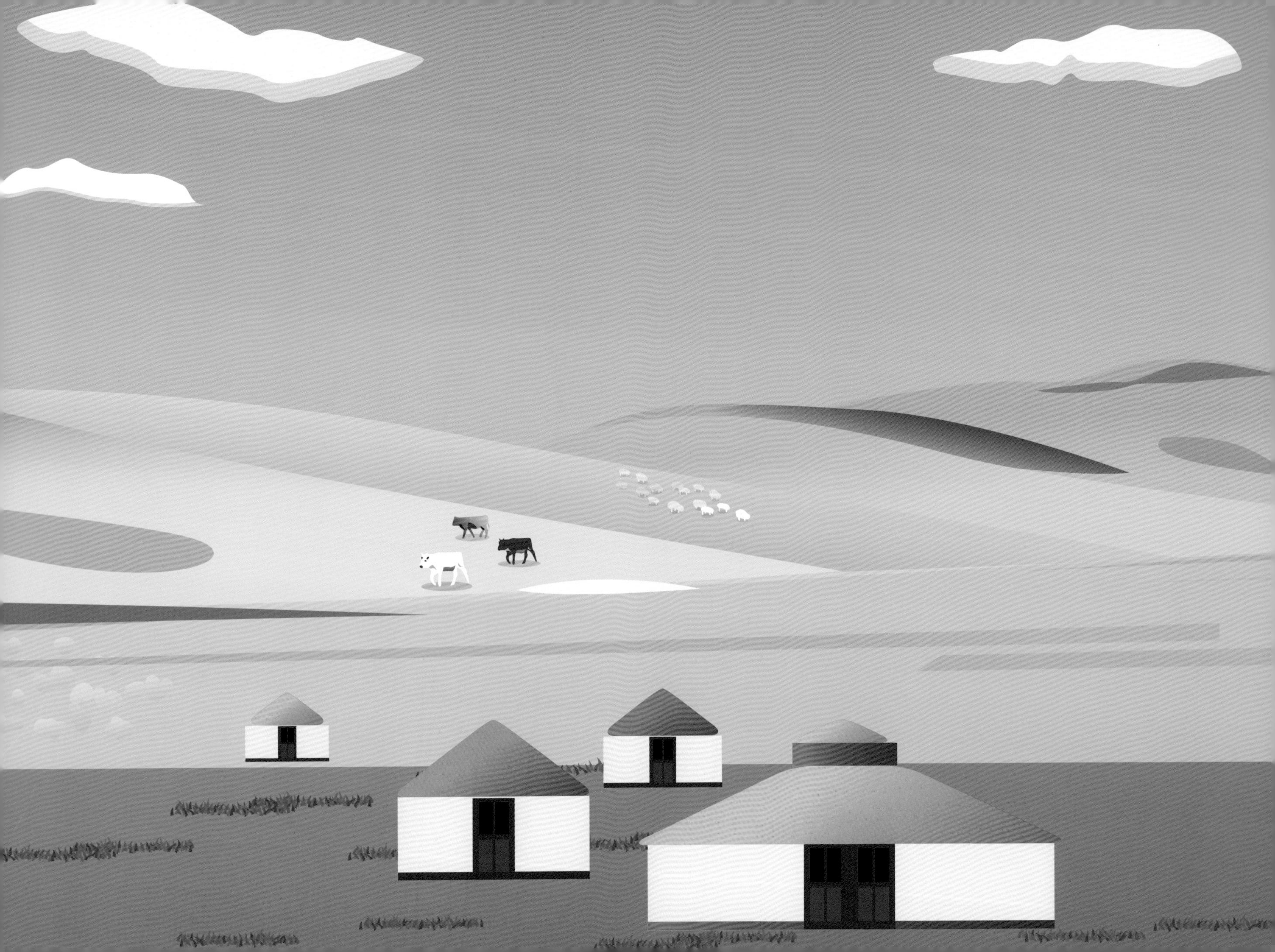

第一章
地震是地球的“肠胃蠕动”

01

一日清晨，呼和浩特一小区内

中国地震台网中心发布的地震速报显示，2019 年 6 月 17 日，四川长宁发生 6.0 级地震。地震来了怎么办？我们来一起学习地震知识吧！

哥哥，地震是怎么形成的呀？
我也不太懂，我们去内蒙古自治区地震局问问吧。
好呀，好呀！

内蒙古自治区地震局
防震减灾
造福人民
哥哥，内蒙古自治区地震局到了！
哔！
小朋友们，你们好，欢迎来到内蒙古自治区地震局，我是“吃苦耐劳、勇往直前”的地震科普达人——小马博士。
小马博士好！我们来学习一下地震知识。
没问题，跟我来吧。

地震和风、雨、雷、电一样，是地球上经常发生的一种自然现象。要了解地震，我们先来了解一下我们生活的地球。

地球是由地壳、地幔、地核组成的，它就像一颗煮熟的鸡蛋，地核好比蛋黄，地幔好比蛋白，地壳好比蛋壳。地球一直在运动着，它在浩瀚的宇宙中有规律地运行着，它的内部也在不断地运动变化着。

地球的地壳和地幔上半部分组成了岩石层，岩石层又可分为若干大小不一的岩石层板块，简称板块。其中最大的有六块，分别是：太平洋板块、印度洋板块、欧亚板块、非洲板块、美洲板块和南极洲板块。这些板块以每年几厘米至 10 余厘米的速度在软流层上运动——运动得非常慢，打个比方，和我们指甲生长的速度差不多。

板块作用是地震的基本成因。板块间相互离散、相互汇聚和相互平移的运动，都会造成地球内部能量的积累和地壳变形，当变形超过了地壳薄弱部位的承受能力时，地壳就会发生破裂或错动，进而引发地震、火山喷发、构造运动等现象。

震　　源：地震发生的源头，即地下岩层断裂、错动的地方。

震　　中：是指从震源向上，垂直对应地球表面的地方。注意：震中是指对应到行政地域图上的一个区域。

震源深度：是指从震源到震中的直线距离。

震 中 距：是指从地面上某一点到达震中的距离。

地震三要素主要是指发震时间、震中和震级。这里请跟我来了解一些地震术语。

在这里，一定要分清两个概念，也就是衡量地震的两把“尺子”，一是震级，是衡量地震大小的“尺子”，反映地震释放能量的多少；二是烈度，表示地面遭受地震影响和破坏的程度。

震级越大，说明地震释放的能量越多，影响的范围和造成的破坏也就越严重。一次地震只有一个震级，但烈度不止一个，离震中近的地方烈度大，破坏大；反之烈度小，破坏小。

打个比方，地震震级的大小相当于这个灯泡的瓦数，而烈度就相当于与灯泡距离远近不同条件下的明暗程度。

地震震级用阿拉伯数字 1~10 表示，地震烈度用罗马数字 I~XII 或阿拉伯数字 1~12 表示。下面的图示可形象表示出不同烈度下人或建筑受到的影响。

中国地震烈度表

1957 年地震专家结合我国建筑物的形式和结构特征，编成了《新中国地震烈度表》，1980 年重新修订了地震烈度表。这个地震烈度表实际上是宏观烈度表，只能定性判定，不能排除观察者的主观因素。中国现行的地震烈度表已经加入了地震时地面加速度和速度两项物理量数据。

Ⅰ度

· 无感

Ⅱ度

· 室内个别静止中的人有感觉

Ⅲ度

· 悬挂物微动
· 室内少数静止中的人有感

Ⅳ度

· 室内大多数人、室外少数人有感
· 器皿作响

Ⅴ度

· 室外绝大多数人有感
· 门窗等颤动作响
· 悬挂物大幅晃动

Ⅵ度

· 多数人站立不稳
· 少数家具等物品移动

Ⅶ度

· 大多数人惊逃户外
· 物品从架子上掉落

Ⅷ度

· 多数人摇晃颠覆
· 除大家具外，室内物品大多数倾倒或移动

Ⅸ度

· 行动的人摔倒
· 室内物品大多数倾倒或移动

Ⅹ度

· 处不稳定状态的人会摔离原地，有被抛起感
· 山崩和地震断裂出现

Ⅺ度

· 绝大多数房屋毁坏
· 大量山崩滑坡

Ⅻ度

· 房屋几乎全部毁坏
· 地面剧烈震动，山河改观

地震是通过波的形式来“谋财害命”的。当地震发生时，从震源发出的地震波主要分为纵波和横波。纵波是速度较快但震动较弱的波（P波），引起地面上下颠簸；横波是速度较慢但震动较大的波（S波），引起地面水平晃动。“谋财害命”的正是这个S波。

但是，地震波也有好的一面。它是目前为止唯一能穿透地球的波，因此经常发生的小地震不仅是人类认识地球内部的功臣，还在了解地下矿产资源、监测爆炸等方面有着不可代替的作用。

第二章

地震的“脾气”大而不可捉摸

02

地震是用“波”来“行凶”的——地震波巨大的破坏力不可小觑，它猝不及防的突发性也造就了地震“脾气”大而不可捉摸的特点。

地震发生前明显的预兆并不是很多，目前对地震的研究尚存局限性。在大多数情况下，从地震发生到建筑物开始震动只有几秒到十几秒的时间，常常使人来不及逃避，从而造成大规模的人员伤亡与财产损失，这是其他灾害或事故难以相比的。

《诗经·小雅·十月之交》（节选）

烨烨震电，不宁不令。
百川沸腾，山冢崒崩。
高岸为谷，深谷为陵。
哀矜之人，胡憯莫惩？

《诗经》中的描述令人感到大地震时山崩地裂的惨状是多么可怕，就像达尔文所说，通常几百年才能完成的变迁，在这里只用了不到一分钟。这样巨大的场面所引起的惊愕情绪，似乎还来自对受灾居民的同情……

地震之所以被称为自然界最严重的灾害之一，是因为它给人类造成了巨大影响。

地震会直接造成地表破坏、建筑损坏及倒塌等，进而会导致水灾、火灾、毒气泄漏等间接灾害。

世界上最大的地震海啸——智利地震海啸

1960 年 5 月 21 日，智利沿海地区发生了一系列破坏性极强的地震。这次地震最大震级为 9.5 级，引起的海啸最大浪高为 25 米，使智利这座城市中的一半建筑物变成了瓦砾，沿岸 100 多座防洪堤坝被冲毁，2000 余艘船只被毁，直接经济损失约 5.5 亿美元，造成 900 多人丧生。同时，这次海啸产生的能量波及整个太平洋，海啸经过的一些国家和地区均遭受了不同程度的损失，甚至冲击到远离震源超过 17000 千米的日本。

世界上引起最大火灾的地震——日本关东大地震

1923 年 9 月 1 日 11 时 58 分，日本关东发生 8.3 级大地震，震后引起大火。这是世界上引起最大火灾的地震。东京约有 36.6 万户房屋被毁，死亡和下落不明者达 14 万人，其中多数人是被地震引发的大火烧死的。横须贺市约有 3.5 万户房屋被烧毁，横滨市约有 5.8 万户房屋被烧毁。

引发严重核泄漏的地震——“3・11”日本 9.0 级大地震

当地时间 2011 年 3 月 11 日 14 时 46 分，日本东北部太平洋海域发生 9.0 级的强烈地震。此次地震引发的巨大海啸对日本东北部岩手县、宫城县、福岛县等地造成毁灭性破坏，并引发福岛第一核电站核泄漏，使核电站附近海水中放射物浓度超标，最终该核电站 1~4 号机组被弃用，核电站周围 20 千米范围内居民已全部疏散，泄漏期附近海域也不再允许渔船作业。

还拿“3 · 11”日本大地震来说，地震发生后迫使日本众多企业纷纷关闭，电子、汽车等行业元器件供应，IT 行业的核心组件生产等均受到重创。

虽然地震常搞“突然袭击”，在全球分布得也不均匀，但也不是随机发生的，还是有规律可循的，如大部分地震都是发生在六大板块交界处。我们将历史地震震中在地图上标注后，发现地震密集的区域呈带状分布，简称地震带。目前发现，世界上主要有三大地震带：环太平洋地震带、欧亚地震带和海岭地震带。

我国位于世界两大地震带——环太平洋地震带与欧亚地震带的交汇部位，有些地区还是这两个地震带的组成部分，所以，我国是世界上多地震的国家。

我国大陆的地震活动具有频次高、分布广、强度大、震源浅、地震活动时空分布不均匀等特点。

根据历史记载，我国所有省份都发生过5级以上地震，其中29个省份发生过6级以上地震，19个省份发生过7级以上地震。

自有仪器记录以来，在内蒙古发生过多次强震和中强震。据统计，1976 年之后发生过 5 级以上地震 20 次，6 级以上地震 4 次。1976 年和林格尔 6.3 级地震、1979 年五原 6 级地震、1996 年包头 6.4 级地震在全国范围均有较大影响。

我们的家乡内蒙古地处祖国北疆，地质构造复杂，大小断裂带纵横交错，因此是地震多发省区之一。阴山构造带、大兴安岭隆起带、阿拉善弧形构造带是我们内蒙古三大主要活动构造带和地震分布带。

第三章
地震预警是一场“赛跑”

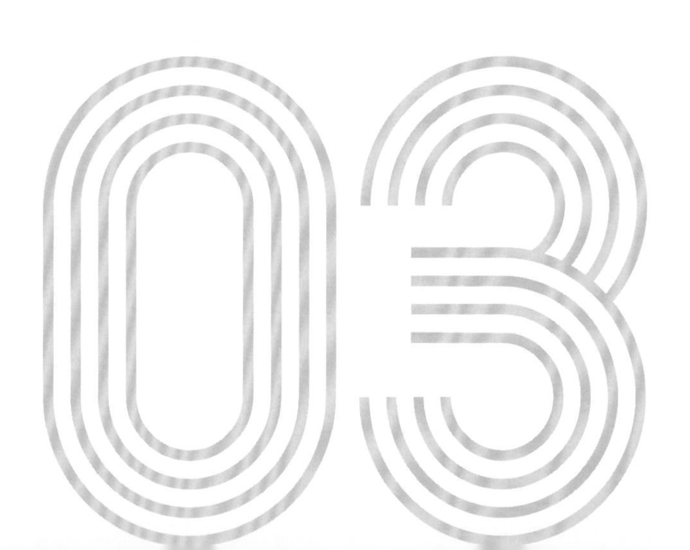

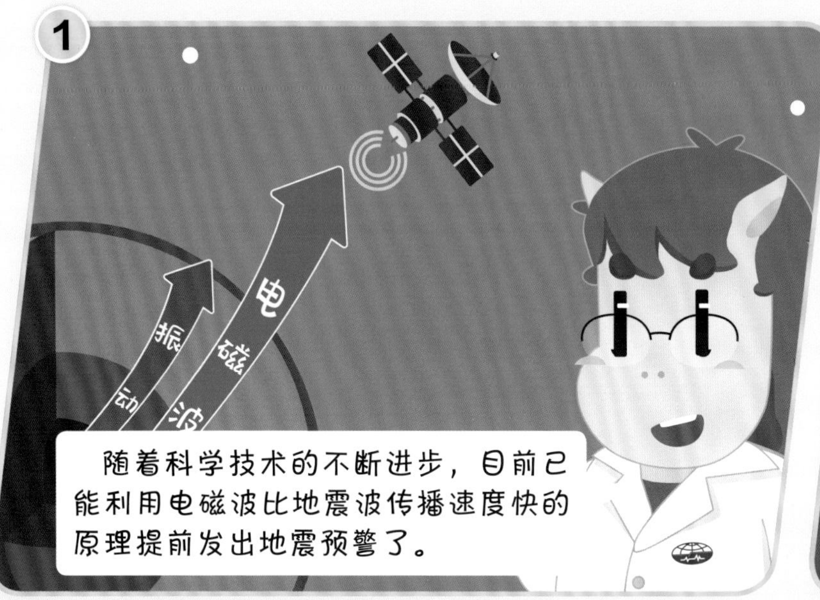

振动
电磁波
随着科学技术的不断进步，目前已能利用电磁波比地震波传播速度快的原理提前发出地震预警了。

那什么是地震预警呢？

地震预警
这正是我要重点介绍的。
首先，地震预警不是地震预报，这是完全不同的两个概念。

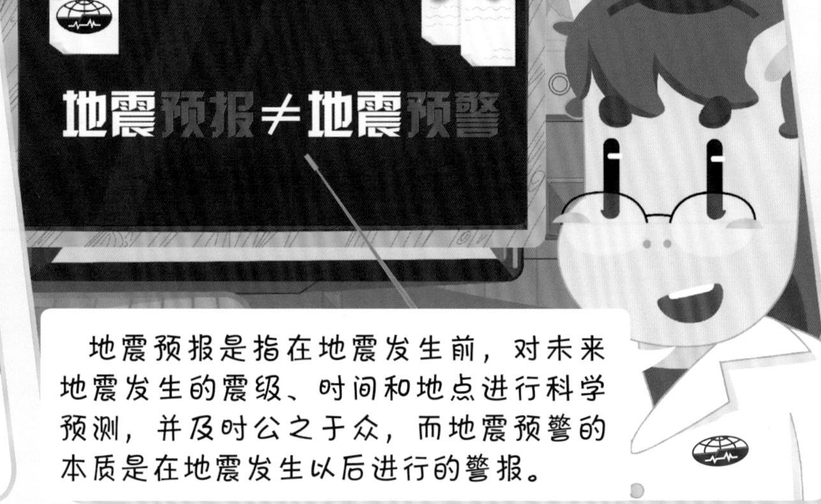

地震预报≠地震预警
地震预报是指在地震发生前，对未来地震发生的震级、时间和地点进行科学预测，并及时公之于众，而地震预警的本质是在地震发生以后进行的警报。

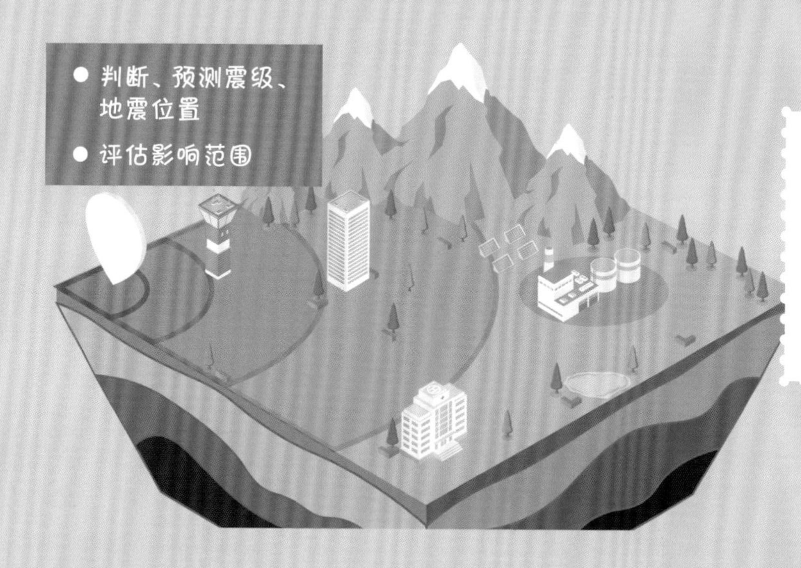

地震预警是在地震发生后，迅速向破坏性地震波尚未波及的区域发出的地震避险警报。

地震预警的核心问题是如何快速可靠地判断、预测地震震级和地震位置，并评估其影响范围。

地震预警的原理是利用纵波比横波传播速度快以及电磁波远比地震波传播速度快的机理，在大地震发生后，通过震中附近的地震仪捕捉到纵波（P 波），利用 P 波信息快速计算出地震参数和影响程度，抢在具有更大破坏性的横波（S 波）到达之前，向可能遭受地震破坏和影响的地区发出地震警报。

目前，地震预警技术有三种形式。一是前方报警，即利用地震波传播速度比电磁波慢的原理，在地震发生后，将地震发生的消息用无线电手段迅速地传给远方，通知远处的人们采取避险措施。

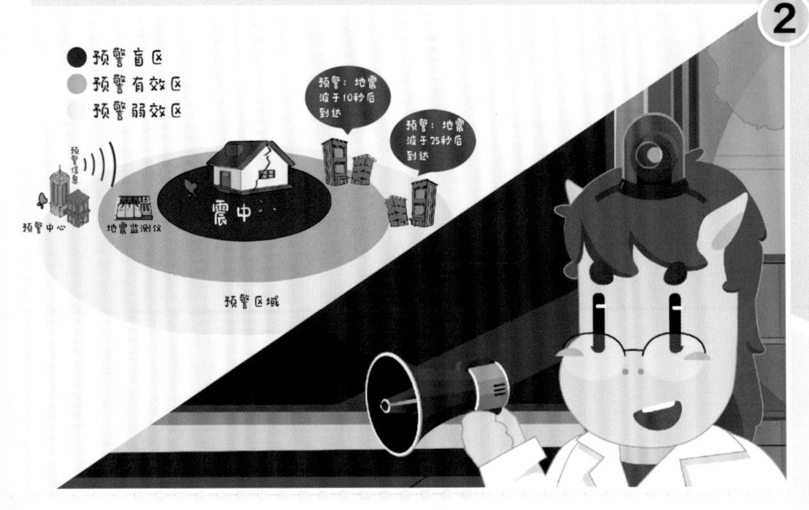

二是当地报警，即利用地震纵波与横波之差发出报警，但只能用于地震震中外围地区的报警，震中距越大，预警时间越长。

三是大地震警报，一般指破坏力较大的 S 波达到一定阈值后，发出警报。这种警报作为地震紧急处置使用，比如关闭水、电、气的阀门，列车紧急制动等。

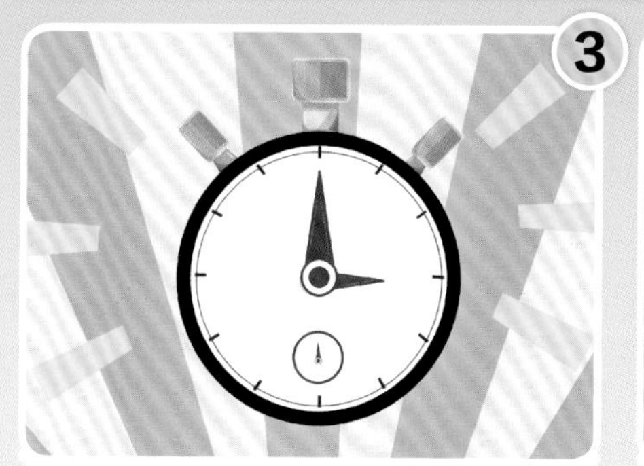

地震预警能为震区争取到几秒甚至数十秒的缓冲时间。如果能够合理利用这个时段，可以减轻人员伤亡。

当破坏性地震发生后，政府迫切需要根据地震烈度了解哪个地方的灾情最严重，灾区范围有多大，哪儿最需要救援力量以及需要准备什么样的应急物资等抗震救灾信息——地震预警中对烈度的预估，能为这些决策提供依据。

地震预警可以为重大工程提供地震安全保障服务，主要是对城市供气和供电系统、核电站、高速列车等进行自动化紧急处置，以避免重大工程、生命线工程发生严重灾害，或减轻其灾害程度。

地震预警系统各项功能的发挥，关键还取决于民众的防震减灾素质以及对地震预警系统的熟悉程度。

民众可根据地震级别、预警时间长短、所处环境等选择采取逃到户外，关闭室内燃气、电源开关等紧急避险措施，从而最大限度减轻地震灾害损失。

地震预警虽然能发挥一定作用，但是也有它的局限性。首先地震震源是有一定深度的，地震参数无法准确确定；其次地震台站接收到地震信号后需要处理，确认是大地震后才能发出警报，这需要一定时间，而这段时间地震波向前传播的距离所涉及的区域是无法接收预警的——预警盲区。

预警盲区就是震中地区以及来不及获得预警时间的地区。地震预警的另一个缺陷是误报或漏报，这与现阶段地震检测技术有关。一般而言，震级越大、影响范围越广的情况下，预警技术的减灾效果越明显。

因此，在地震预警技术使用过程中，要根据实际情况因时因地理性看待其减灾效果。

如果某地发生了大地震，200 千米外的另一个地方收到了 30 秒内的地震预警，理想状态是：除了家住平房、楼房一层的居民在接到预警信息后能立即逃到室外，其他人员仅能采取紧急避险措施。

自2001年起，我国就开始了地震预警技术研究。2018年6月，投资18.7亿元的“国家地震烈度速报与预警工程”项目开始实施，项目分为台站观测系统、数据处理系统、信息服务系统、通信网络系统、技术支持与保障系统等五个部分。

项目目标是在全国建设15391个台站、1个国家地震烈度速报与预警中心，1个国家备份中心，1个国家技术支持与保障中心，31个省级中心，173个市级中心，在政府、企业和中小学校布设3360个服务示范终端。

内蒙古自治区计划建成各类地震台站459个，并在全区范围内建立覆盖全区所有县级行政区划单位、台站平均间距约45千米、由地震基本站组成的地震烈度速报台网，形成全区范围内的地震烈度速报能力。

项目完成后，依托工程建设，可增强地震参数和震源参数速报以及灾情快速评估的能力，为政府应急决策、公众逃生避险、重大工程地震紧急处置、地球科学研究提供及时丰富的安全服务与数据参考。

内蒙古自治区地震监测台网布局也会因此得到全面优化：增强地震监测能力，提高地震定位精度；为震源特征研究、地震构造探测提供丰富的观测资料；为地震区划和工程抗震分析与设计提供数据。

第四章
地震灾害的抗与防

刚才我们学习了地震是怎么回事儿、地震预警的一些知识，那小马博士，面对地震，该怎么办呢？

首先我们要明白一个道理：地震虽然可怕，但也是可抗可防的。地震本身是一种自然现象，只有当它造成房屋倒塌，导致人员伤亡和财产损失时才会成为灾害。

具体到建筑物方面，根据第五代地震动区划图，我国的抗震设防目标是：小震不坏、中震可修、大震不倒。这就要求我们做到建筑选址合理、新建住宅抗震、老旧房屋加固。

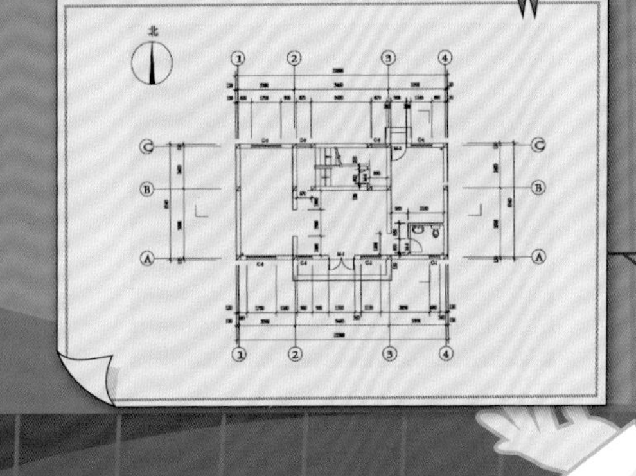

其次，房屋布局要合理，地基处理要牢固，地圈梁、构造柱、楼层圈梁、屋面圈梁不可少，房体要尽量做到横平竖直，门窗过梁两端要有足够的长度，房屋横梁间距不宜过大，这样建成的房子稳定性才好。

还有，建造时，要选择合格的建造材料，如合格的砂、钢材、水泥等，砖的质量要符合标准，石料要选用无明显风化的天然石料。

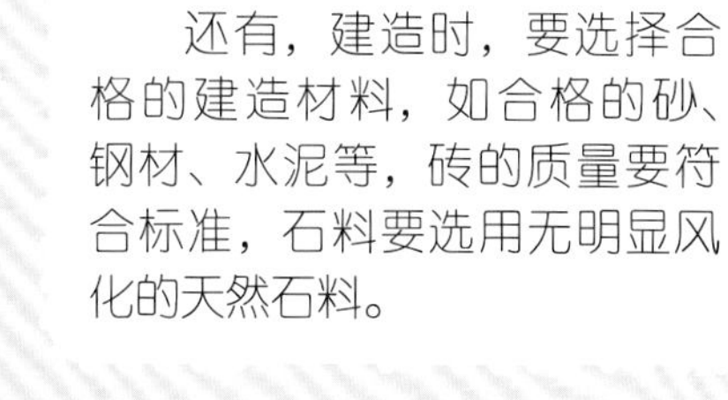

蒙古包是草原上牧民居住的一种传统民居。蒙古包特殊的圆顶结构可以减少大风对于蒙古包的冲击，在地震中不会轻易变形、倒塌，不积雨雪，寒气不易侵入，具有很强的安全性。

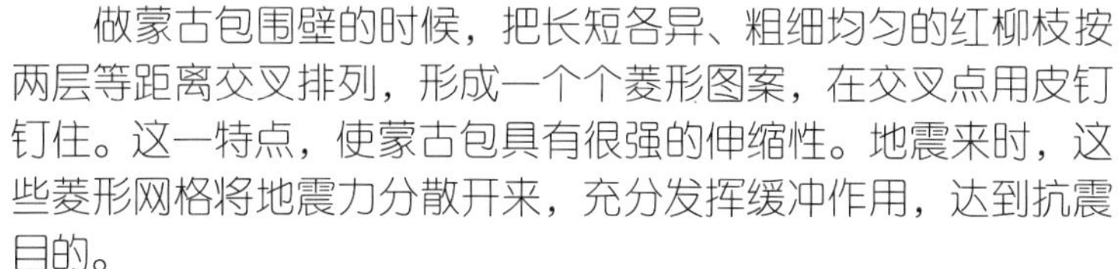

做蒙古包围壁的时候，把长短各异、粗细均匀的红柳枝按两层等距离交叉排列，形成一个个菱形图案，在交叉点用皮钉钉住。这一特点，使蒙古包具有很强的伸缩性。地震来时，这些菱形网格将地震力分散开来，充分发挥缓冲作用，达到抗震目的。

一个直径 6 米的蒙古包自重只有 200 千克，比相同大小的砖混结构房屋轻得多。由于自重轻，地震来临时，其受地震力作用左右摇摆的惯性就小，更稳固，而且搬迁方便。又因为蒙古包是半球状的，多为白色，有较好的反光作用，夏天时，将顶部的毛毡揭起，天窗与门之间形成对流，通风效果良好；冬天时，里外均可加一层羊毛毡，隔风性能较好，兼具保温性和防潮性，还可以在包内盘暖炕，生火炉，做饭。因此蒙古包具有冬暖夏凉的特点。

蒙古包“搬迁方便、冬暖夏凉、防潮防湿、抗震性能好”，特别适于高温高寒地区的应急救灾，常被称为灾区人民的“流动家园”。因此，内蒙古自治区将蒙古包作为应急物资进行储备。

这的确是内蒙古公众关注的问题，我们现在已经没有了“天苍苍，野茫茫”“地广人稀+蒙古包抗震性能好”的优势，同样面临着“大城市+人口密集+钢筋水泥”的情况，因此，我们才要把房子建结实，还要主动学习防震减灾知识。你们平时参加过地震应急演练吗？

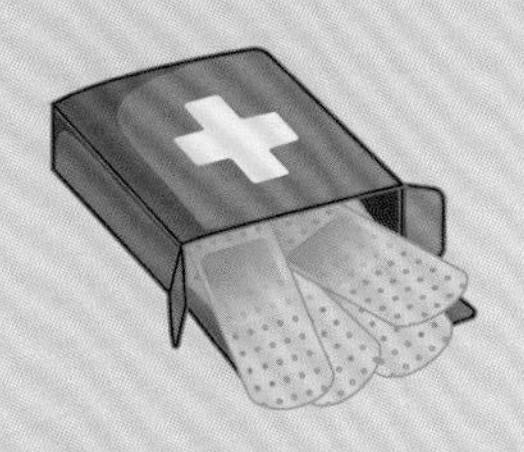

我们平时应该准备一个应急包，应急包里装上饮用水、应急食品（比如罐头、压缩饼干）、手电筒、应急药品等应急物品，还要把应急包放到我们方便拿到的地方。

平时要留意生活学习环境的安全出口位置，设计好逃生路线，多演练，在地震发生时一定要走安全通道。

当地震发生时，若在室内，要迅速找到安全且坚固的避震地点，并迅速关掉电源、液化气。

逃生时不能乘坐电梯。

不能从窗口跳下。

如果在上课时发生地震，要听从老师指挥，有组织地撤离教室；如果在户外或其他公共场所，要听从工作人员疏导，切勿慌乱拥向出口，避免因过度拥挤而发生踩踏事故。

除了这些，发生地震时我们要保持冷静，掌握正确避险姿势：降低重心（下蹲或伏地），找遮挡，抓紧牢固的物体。

避震口诀应记牢：伏地、找遮挡、手抓牢。

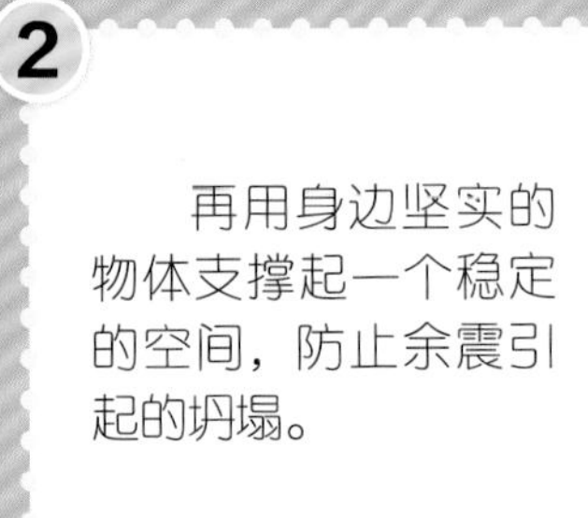

2

再用身边坚实的物体支撑起一个稳定的空间，防止余震引起的坍塌。

1

地震后，如果不幸没有逃出去被埋压，也不要惊慌。如果部分肢体被埋压但双手可以活动，首先要用手清理开头部、胸部周围的杂物，保持呼吸顺畅。

3

如果灰尘太大或闻到有毒气体，设法用湿衣物捂住口鼻，避免窒息或中毒。

那万一被埋怎么呼救呢？
这个我知道，当然是大声喊救命了！
1
地震时被埋压，要保持体力，切勿盲目呼救。
2
要观察周围环境，利用周围物体发出声音，引起他人注意，应急哨是最好的工具；如果废墟内有生存空间，应尽量朝着有光或有水和食物的地方移动。
3
灾后生活中应注意个人卫生，远离来路不明的食物和水。
119
119
119

第五章

防震减灾小口诀

防震减灾小口诀

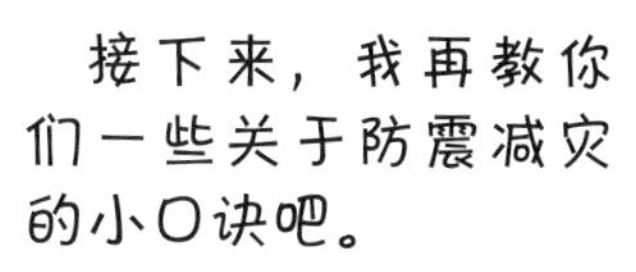
接下来，我再教你们一些关于防震减灾的小口诀吧。

1
防震减灾小口诀

2
地震灾害实难料

3
安全通道
平日演练找通道

4
地震发生莫慌张

1
赶快贴近承重墙

2
不要靠近玻璃窗

3
离前电器要关好

4
平房迅速离现场

1
室外远离电线杆

2
电影院
地铁影院听指挥

3
安全出口
EXIT
有序撤离不乱跑

4
遇火趴地身体低

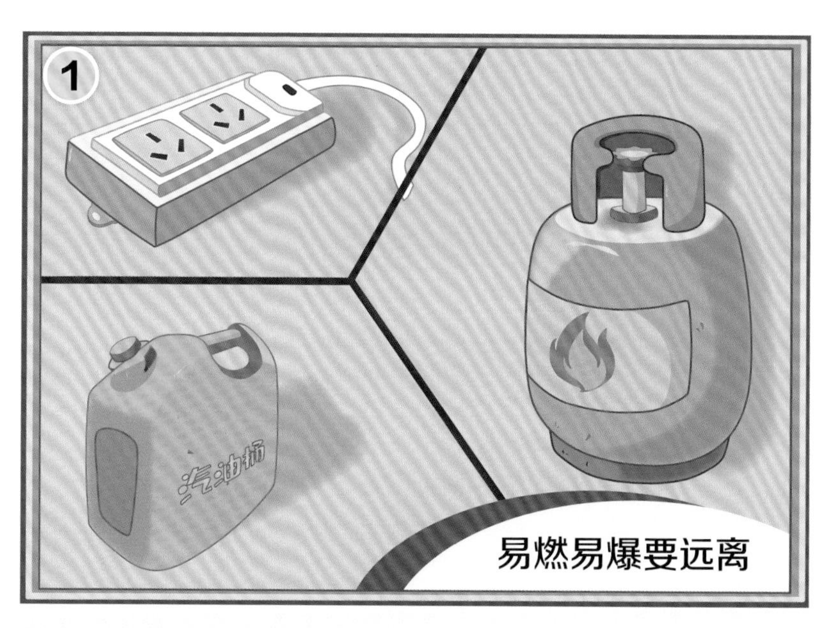
1
汽油桶
易燃易爆要远离

2
烟灰毒气不能吸

3
拧干湿巾捂口鼻

4
逆风行进别迟疑

4

防震减灾小口诀

1. 地震灾害实难料
2. 平日演练找通道
3. 地震发生莫慌张
4. 赶快贴近承重墙
5. 不要靠近玻璃窗
6. 离前电器要关好
7. 平房迅速离现场
8. 室外远离电线杆
9. 地铁影院听指挥
10. 有序撤离不乱跑
11. 遇火趴地身体低
12. 易燃易爆要远离
13. 烟灰毒气不能吸
14. 拧干湿巾捂口鼻
15. 逆风行进别迟疑
16. 地震停止速转移
17. 灾后重建要积极
18. 防震减灾靠大家